Armin Täubner

W0209056

Papierbasteln kinderleicht

Lustige Ideen aus Tonpapier und Tonkarton

frechverlag

Schmetterlingsketten

(Abbildung Seite 1)

MATERIAL:

- *Tonkarton in Rot, Gelb und Blau*
- *Bleistift*
- *Schere*
- *Lochzange oder Vorstechnadel*
- *Dicker, glatter Faden oder dünne Schnur*

Die beiden Ketten werden wie die Entchenkette auf Seite 22 gearbeitet.

Fotos: frechverlag GmbH + Co. Druck KG, 70499 Stuttgart;
Fotostudio Täubner

Dieses Buch enthält:
1 Vorlagenbogen

Materialangaben und Arbeitshinweise in diesem Buch wurden von dem Autor und den Mitarbeitern des Verlags sorgfältig geprüft. Eine Garantie wird jedoch nicht übernommen. Autor und Verlag können für eventuell auftretende Fehler oder Schäden nicht haftbar gemacht werden. Das Werk und die darin gezeigten Modelle sind urheberrechtlich geschützt. Die Vervielfältigung und Verbreitung ist, außer für private, nicht kommerzielle Zwecke, untersagt und wird zivil- und strafrechtlich verfolgt. Dies gilt insbesondere für eine Verbreitung des Werkes durch Film, Funk und Fernsehen, Fotokopien oder Videoaufzeichnungen sowie für eine gewerbliche Nutzung der gezeigten Modelle.

Auflage: 5. 4. 3. 2. | Letzte Zahlen
Jahr: 2002 2001 2000 1999 98 | maßgebend

© 1998
frechverlag GmbH + Co. Druck KG, 70499 Stuttgart

ISBN 3-7724-2304-3 · Best.-Nr. 2304
Druck: frechverlag GmbH + Co. Druck KG, 70499 Stuttgart

Hier kommt das große Bastelvergnügen für die Kleinen!
In diesem vielseitigen Buch werden verschiedene einfache Techniken wie Knüllen, Falten, Papierweben, Ausschneiden und Kleben vorgestellt.
Nun braucht man nur noch bunte Papiere, und schon lassen sich viele tolle Dinge zaubern.
Schon kleinere Kinder können so mit dem preiswerten Bastelmaterial Papier ein niedliches Bienenmobile, lustige Pferdchen, eine Ringelschwanzkatze, einen frechen Hampelschornsteinfeger, hübsche Fensterbilder und noch vieles mehr basteln. So sind Erfolgserlebnisse garantiert, und die kleinen Bastler können mit viel Spaß ihrer Kreativität freien Lauf lassen.

Schritt-für-Schritt-Anleitung

Pause alle Teile des Motivs ohne Überschneidungen mit Bleistift auf Transparentpapier ab.

Nun klebst Du das Transparentpapier auf einen dünnen Karton.

Dann schneidest Du die einzelnen Teile mit einer Schere aus. Das sind Deine Schablonen.

Lege die Schablonen auf den Tonkarton der gewünschten Farbe. Nun werden die Umrisse sorgfältig mit einem spitzen Bleistift nachgezogen.

Schneide die einzelnen Teile in der benötigten Anzahl aus.

Abschließend klebst Du die Teile zusammen. Die Vorlagen und das Foto helfen Dir beim Anordnen der Teile. Zuletzt kannst Du noch mit einem Lackstift weiße Punkte auf die Augen tupfen.

Faltvögel

MATERIAL:

- *Tonkarton oder -papier in Gelb, Rot, Blau und Schwarz*
- *Schwarze Klebepunkte, ø 8 mm*
- *Weiße Klebepunkte, ø 12 mm*
- *Bleistift*
- *Schere*
- *Lineal*
- *Klebstoff*

Lege die Schablonen auf den Tonkarton oder das Tonpapier, und zeichne die Umrisse mit Bleistift nach.
Nun schneidest Du die Teile aus.
Mit Lineal und Scherenspitze werden die drei gestrichelten Linien auf dem Körper angeritzt. Jetzt können Schwanz und Flügel umgeklappt werden.
Der Schnabel wird in der Mitte gefaltet und mit der unteren Hälfte an den Kopf geklebt. Bringe noch die Füße und die Klebepunkte als Augen an.

Eulenpaar

MATERIAL:

- Tonkarton in Braun, Weiß, Gelb und Schwarz
- Zirkel
- Bleistift
- Schwarzer Filzstift
- Schere
- Klebstoff

Lege die Schablonen auf den Tonkarton, zeichne den Umriß mit Bleistift nach, und schneide die Teile aus. Die Augen zeichnest Du mit dem Zirkel direkt auf schwarzen bzw. gelben Tonkarton und schneidest sie dann aus. Augen und Füße werden zweimal benötigt.

Klebe zuerst die Augen, dann den Schnabel und zum Schluß die Füße an. Der Ast ist ein 3 cm breiter und 50 cm langer Kartonstreifen.

Drei hungrige Schnäbel

MATERIAL:

- Tonkarton in Rot, Gelb und Grün
- Schwarze Klebepunkte, ø 8 mm
- Weiße Klebepunkte, ø 12 mm
- Bleistift
- Schwarzer Filzstift
- Schere
- Klebstoff

Zuerst werden von allen Teilen Schablonen angefertigt.
Lege die Schablonen auf Tonkarton der entsprechenden Farbe, und zeichne die Umrisse mit einem Bleistift nach.
Sind alle Teile ausgeschnitten, werden sie zusammengeklebt (siehe Bild). Auf den Vogelgesichtern werden zuerst die Schnäbel angebracht. Den Schnabel des linken Vogels faltest Du in der Mitte (gepunktete Linie). Damit er den Schnabel auf- und zuklappen kann, klebst Du nur die untere Schnabelhälfte an. Dann folgen die Augen aus Klebepunkten.

Bienenmobile

(Abbildung Seite 10)

MATERIAL:

- *Tonkarton in Gelb, Braun und Weiß*
- *Weiße Klebepunkte, ø 8 mm*
- *Bleistift*
- *Schwarzer und brauner Filzstift*
- *Zirkel*
- *Schere*
- *Klebstoff*
- *Vorstechnadel*
- *Faden*

Zeichne auf braunen Tonkarton mit dem Zirkel zwei Kreise um denselben Mittelpunkt. Der erste Radius beträgt 5,2 cm, der zweite 8,2 cm. Schneide den Ring aus.

Nun fertigst Du vom gelben Blütenstern und den beiden Bienenteilen Schablonen an.
Lege die Schablonen auf Tonkarton, zeichne den Umriß nach, und schneide die Teile aus.
Klebe den braunen Ring auf das gelbe Blütenteil.
Der Biene werden die Flügel angeklebt. Die Augen sind zwei weiße Klebepunkte. Bemale dann die Biene mit den Filzstiften.
Zum Schluß stichst Du die Aufhängelöcher ein und hängst die Biene mit dem Faden in die Blüte.

Blumenstrauß

(Abbildung Seite 11)

MATERIAL:

- *Tonkarton in Grün, Weiß, Rot und Gelb*
- *Bleistift*
- *Schere*
- *Lineal*
- *Zirkel*
- *Klebstoff*

Fertige von allen Teilen Schablonen an.
Lege die Schablonen auf den Tonkarton, und ziehe die Umrisse mit Bleistift nach. Das grüne Stengel-Blatteil und die rote Schleife werden einmal, die gelben Punkte dreimal und die weißen Blütensterne sechsmal benötigt.

Schneide nun die Teile aus.
Ritze bei drei weißen Blütensternen mit Lineal und Scherenspitze die gestrichelten Linien ein, und klappe die Blütenspitzen nach hinten. Drehe den Blütenstern um, und klebe ihn versetzt auf einen zweiten, nicht angeritzten Blütenstern. In die Blütenmitte klebst Du einen gelben Punkt.
Auf dem grünen Stengel-Blatteil werden nun die drei Blüten und die rote Schleife angeordnet.

Bienenmobile

(Anleitung Seite 9)

Blumenstrauß

(Anleitung Seite 9)

Gefiedert und gewebt

MATERIAL:

- *Tonpapier in Rot, Gelb, Weiß und Blau*
- *Bleistift*
- *Schere*
- *Cutter mit Schneideunterlage*
- *Lineal*
- *Evtl. Papierwebnadel*
- *Klebepunkte, ø 8 mm, 12 mm, 18 mm, für die Augen*

Fertige eine Schablone des Vogels oder der Ente an. Die Streifen in der Rumpfmitte werden mit dem Cutter herausgeschnitten.

Lege die Schablone auf rotes oder gelbes Tonpapier, und ziehe den Umriß mit Bleistift nach. In der Rumpfmitte werden die waagrechten Linien nachgezogen.
Schneide den Vogel bzw. die Ente mit der Schere aus. Die waagrechten Linien in der Rumpfmitte werden mit Lineal und Cutter geschnitten. Vergiß die Schneideunterlage nicht!
Klebe die Augen auf.
Nun werden die Papierstreifen geschnitten. Sie sind 10 cm lang und 1 cm oder 0,5 cm breit. Und nun kann das Weben beginnen. Eine Papierwebnadel ist dabei sehr hilfreich.

Pfердchen

MATERIAL:

- *Tonkarton in Braun und Schwarz*
- *Bleistift*
- *Lineal*
- *Schere*
- *Klebstoff*
- *Schwarze Klebepunkte, ø 8 mm*
- *Schwarzer Filzstift*

Fertige von allen vier Teilen Schablonen an. Lege die Schablonen auf den braunen und schwarzen Tonkarton, und ziehe die Umrisse mit Bleistift nach. Die braunen Teile (Rumpf und Ohr) werden zweimal, die schwarzen Teile (Mähne und Schwanz) einmal benötigt. Schneide die Teile aus.

Die beiden Rumpfteile werden mit Lineal und Scherenspitze an der gestrichelten Linie angeritzt und umgeklappt.
Zwischen die beiden Rumpfteile, die oberhalb der angeritzten Linien zusammengeklebt werden, schiebst Du noch die Mähne und den Schwanz.
Die Augen sind schwarze Klebepunkte, die Du aber auch genauso wie die Nüstern mit einem schwarzen Filzstift aufmalen kannst.

Schaukelclowns

(Abbildung Seite 16)

MATERIAL:

- *Tonkarton in Gelb, Rot, Blau und Weiß*
- *Schwarze Klebepunkte, ø 8 mm*
- *Bunte/gelbe Klebepunkte, ø 12 mm*
- *Bleistift*
- *Schwarzer Filzstift*
- *Zirkel*
- *Schere*
- *Klebstoff*
- *Lineal*

Zeichne mit dem Zirkel auf den blauen bzw. roten Tonkarton einen Kreis mit dem Radius 9 cm.

Nun schneidest Du den Kreis aus. Mit Lineal und Scherenspitze wird der Kreis in der Mitte angeritzt und umgeklappt.

Fertige von allen anderen Teilen Schablonen an.

Die Schablonen legst Du auf den Tonkarton, ziehst die Umrisse mit Bleistift nach und schneidest die Teile aus, dabei wird die weiße Hand zweimal benötigt.

Das rote bzw. gelbe Oberkörper-Haarteil wird an der gestrichelten Linie angeritzt, umgeklappt und von hinten an die blaue bzw. rote Wippe geklebt.

Jetzt kannst Du den weißen Kopf und die beiden Hände anbringen.

Beim Gesicht beginnst Du mit dem Mund. Die Lippen werden mit einem schwarzen Filzstiftstrich getrennt. Die Nase und die Augen sind Klebepunkte. Zusätzlich kannst Du die Wippe mit weiteren Klebepunkten (ø 12 mm) verzieren und auf die Augen mit einem Lackstift weiße Punkte auftupfen.

Auf leisen Schwingen durch die Nacht

(Abbildung Seite 17)

Trinkhalmstecker

MATERIAL:

- *Tonkarton in Hell- und Dunkelbraun*
- *Schwarze Klebepunkte, ø 8 mm*
- *Weiße Klebepunkte, ø 12 mm*
- *Bleistift*
- *Schere*
- *Lineal*
- *Schwarzer Filzstift*
- *Trinkhalm*

Für Eule und Fledermaus gelten die gleichen Arbeitsschritte.

Zuerst wird eine Schablone angefertigt. Schneide ein Tonkartonrechteck aus (20 x 14 cm). Falte es genau in der Mitte. Es ist jetzt 10 cm lang und 14 cm breit.

Lege die Schablone mit der gestrichelten Linie genau an die Faltkante des Tonkartonrechtecks, und zeichne den Umriß mit Bleistift nach.

Schneide die Form aus. Damit sie auf einen Trinkhalm gesteckt werden kann, mußt Du an der zusammengeklappten Form zwei 6 bis 7 mm tiefe Einschnitte bis zu der gepunkteten Linie anbringen. Wenn Du die gepunktete Linie mit der Scherenspitze anritzt, läßt sich das kleine Mittelteil leicht auf die andere Seite durchdrücken.

Bei der Eule werden die Klebepunktaugen angebracht, und bei der Fledermaus wird das Gesicht aufgemalt.

Schaukelclowns

(Anleitung Seite 15)

Auf leisen Schwingen durch die Nacht

(Anleitung Seite 15)

Elefanten

MATERIAL:

- *Tonkarton in Grau*
- *Weiße Klebepunkte, ø 8 mm*
- *Bleistift*
- *Schere*
- *Lineal*
- *Schwarzer Filzstift*

Ritze ein graues Tonkarton-Rechteck (14 x 16 cm) mit Lineal und Scherenspitze in der Mitte an, und falte es. Jetzt ist das Rechteck 14 cm lang und 8 cm breit.

Fertige vom Elefanten und seinen Ohren Schablonen an.

Die Elefantenschablone legst Du so auf das Rechteck aus Tonkarton, daß der Elefantenrücken auf der Faltkante liegt. Fahre den Umriß mit Bleistift nach, und schneide den Elefanten aus. Den Einschnitt für die Ohren nicht vergessen! Die Augen sind zwei weiße Klebepunkte, auf die Du mit Filzstift jeweils einen schwarzen Punkt malst.

Klappe den Elefant auf, und ritze ihn knapp oberhalb der Beine (gestrichelte Linie) an. Nun kannst Du die Beine nach außen knicken.

Übertrage den Umriß der Ohrenschablone auf Tonkarton, schneide die Ohren aus, und stecke sie in den Schlitz auf dem Elefantenrücken.

Ringelschwanzkatze

(Abbildung Seite 20)

MATERIAL:

- *Tonkarton in Weiß und Rot*
- *Schwarze Klebepunkte, ø 12 mm*
- *Grüne Klebepunkte, ø 18 mm*
- *Bleistift*
- *Schwarzer Filzstift*
- *Schere*
- *Lineal*
- *Klebstoff*
- *Faden*
- *Vorstechnadel*

Wenn Du Schablonen von allen Teilen angefertigt hast, legst Du sie auf Tonkarton der entsprechenden Farbe und ziehst die Umrisse mit einem Bleistift nach.
Schneide die Teile aus.
Den Schwanz ritzt Du mit Lineal und Scherenspitze an der gestrichelten Linie an und klappst den halbkreisförmigen Schwanzansatz um. Diesen Halbkreis bestreichst Du mit Klebstoff und klebst ihn an den Katzenrumpf.
Am Kopf werden die Klebepunkte als Augen angebracht, bevor Du das Gesicht aufmalst. Wenn Du mit einem weißen Lackstift auf die Augen jeweils einen Punkt auftupfst, wirken sie lebendiger.

Drei muntere Kätzchen

(Abbildung Seite 21)

MATERIAL:

- *Tonkarton in Weiß, Grau oder Braun*
- *Schwarze Klebepunkte, ø 8 mm*
- *Grüne Klebepunkte, ø 12 mm*
- *Bleistift*
- *Schere*
- *Lineal*
- *Schwarzer Filzstift*
- *Klebstoff*

Fertige von der Katze, vom Halsband und von der Schleife Schablonen an.

Nun legst Du die Schablonen auf den Tonkarton der gewünschten Farbe und ziehst den Umriß mit einem Bleistift nach.
Schneide die benötigten Teile aus.
Ritze mit Lineal und Scherenspitze die gestrichelten Linien oberhalb der Pfoten an. Jetzt drehst Du die Katze um und ritzt die gepunktete Linie am Schwanzansatz an.
Klappe die Pfoten nach vorne und den Schwanz nach hinten.
Die Augen sind grüne und schwarze Klebepunkte. Male das Katzengesicht mit dem schwarzen Filzstift auf, und klebe noch eine Schleife oder ein Halsband an.

Ringelschwanzkatze

(Anleitung Seite 19)

Drei muntere Kätzchen

(Anleitung Seite 19)

Entchenkette

MATERIAL:

- *Tonkarton in Rot, Gelb und Orange*
- *Schwarze Klebepunkte, ø 8 mm*
- *Bleistift*
- *Schere*
- *Lochzange oder Vorstechnadel*
- *Kreisschablone*
- *Dicker, glatter Faden oder dünne Schnur*

Die roten Punkte (ø 2,6 cm) zeichnest Du mit einer Kreisschablone auf Tonkarton.
Schneide die Entchen und die Punkte aus. Du kannst jetzt die Klebepunkte als Augen anbringen.
Die Löcher werden ausgestanzt oder eingestochen.

Fertige vom Entchen eine Schablone an. Die beiden Löcher werden ausgestanzt oder eingestochen.
Die Schablone wird auf Tonkarton gelegt und der Umriß mit Bleistift nachgefahren. Auch die Löcher werden markiert.

Nun werden die Teile aufgefädelt. Dabei ist zu beachten, daß die Löcher groß genug sind und der Faden glatt ist, damit die Entchen senkrecht hängen, denn sonst drehen sie sich in alle Richtungen!

Faltblumen

MATERIAL:

- *Tonpapier in Gelb, Rot und Grün*
- *Bleistift*
- *Schere*
- *Tacker*
- *Lineal oder Geo-Dreieck*

Schneide aus rotem Tonpapier ein Rechteck (14 x 10 cm) aus. Mit einem Lineal oder noch besser mit einem Geo-Dreieck und der Scherenspitze werden im Abstand von 1 cm 11 Linien eingeritzt. Das Papierrechteck wird entlang dieser Linien im Zickzack zusammengefaltet.

Fertige vom Stiel-Blattteil eine Schablone an, lege sie auf grünes Tonpapier, und zeichne den Umriß mit Bleistift nach. Nun schneidest Du das Teil aus. Der Tulpenstiel wird mit Lineal und Schere genau in der Mitte angeritzt (Strich-Punkt-Linie) und dann gefaltet.

Die beiden Blätter werden an den gestrichelten Linien angeritzt und in die andere Richtung gefaltet.
Fasse die Blüte mit Daumen und Zeigefinger zu einem Fächer zusammen. Der Blütenfächer wird etwa 2 cm weit in das grüne Stielende geschoben und dann mit dem Tacker befestigt.

Blütenstecker in Rot und Weiß

MATERIAL:

- Tonkarton in Weiß und Rot, evtl. Gelb
- Gelbe Klebepunkte, ø 18 mm, oder gelben Tonkarton
- Schaschlikstäbchen
- Bleistift
- Schere
- Lineal
- Klebstoff

Lege die Blütenschablone auf den Tonkarton, und fahre den Umriß mit Bleistift nach. Für jede Blüte wird das Blütenteil zweimal benötigt. Nun werden die beiden Blütenteile ausgeschnitten.

Ritze bei einem der beiden Teile die gestrichelten Linien mit Lineal und Scherenspitze an.

Die vier Blütenblätter werden umgeklappt.

Klebe die beiden Blütenteile versetzt aufeinander, in der Blütenmitte wird der gelbe Klebe- bzw. Tonkartonpunkt angebracht.

Zum Schluß klebst Du noch von hinten ein Holzstäbchen an.

Zickzack-Schlange

MATERIAL:

- *Tonkarton in Grün oder Rot*
- *Gelbe, schwarze, weiße und rote Klebepunkte, ø 8 cm und 12 mm*
- *Bleistift*
- *Schwarzer Filzstift*
- *Schere*
- *Lineal*

Auf dem Vorlagenbogen hat nicht die ganze Schlange Platz, deshalb fehlt ein Stück in der Körpermitte. Fertige vom Kopf und vom Körper eine Schablone an.

Lege die Schablone mit der Unterseite an die Unterkante des grünen oder roten Tonkartons und zeichne den Umriß nach. Mit Lineal und Bleistift verlängerst Du nun den Schlangenkörper nach hinten. Achte darauf, daß der Körper immer schmaler wird.
Schneide die Schlange aus.
Jetzt wird die Schlange jeweils nach 4 cm im Zickzack gefaltet.
Zum Schluß malst Du die Nasenlöcher mit Filzstift auf und verzierst die Schlange mit den bunten Klebepunkten.

Gefiedert und geknüllt

MATERIAL:

- *Tonkarton in Rot und Blau*
- *Kreppapier in Rot, Orange, Gelb, Dunkelblau, Hellblau und Schwarz*
- *Bleistift*
- *Schere*
- *Klebstoff*

Fertige vom Vogel eine Schablone an.
Lege die Schablone auf den Tonkarton, und zeichne den Umriß mit Bleistift nach.
Schneide den Vogel aus.

Zeichne mit Bleistift Schnabel, Fuß, Flügel und Auge ein.
Schneide von einer Seite der Kreppapierrollen ein 2 bis 3 cm breites Röllchen ab. Von diesem Röllchen werden nun Stücke abgerissen und zu kleinen Knäueln geknüllt.
Bestreiche zunächst nur den Kopf mit dem Klebestift.
Nun kannst Du die Papierknäuel auf dem Vogelkopf anordnen. Immer nur kleine Flächen mit Klebstoff bestreichen, weil dieser schnell trocknet. Die Papierknäuel werden dicht nebeneinander aufgeklebt, damit der Tonkarton nicht mehr sichtbar ist.

Obstgirlande

MATERIAL:

- *Tonkarton in Rot, Gelb, Grün, Blau und Schwarz*
- *Bleistift*
- *Klebstoff*
- *Schere*
- *(Woll-)Faden*

Fertige von allen Teilen Schablonen an.
Für die grünen und roten Äpfel schneidest Du ein Tonpapierrechteck (18 x 11 cm) aus. Falte es genau in der Mitte. Jetzt ist das Rechteck nur noch 9 cm lang und 11 cm breit.
Lege die Apfelschablone auf das Rechteck; der Stiel muß genau auf der Faltkante liegen.
Zeichne den Umriß mit Bleistift nach.
Schneide anschließend den Apfel aus.
Jetzt klebst Du noch den schwarzen Fleck auf den Apfel, und schon kannst Du ihn über einen gespannten (Woll-)Faden hängen. Die beiden Apfelhälften können auch unterhalb des Fadens zusammengeklebt werden.

Für die anderen Früchte benötigt man folgende Rechtecke:

Birne: 24 x 9 cm, gefaltet: 12 x 9 cm
Pflaume: 16 x 6 cm, gefaltet: 8 x 6 cm

Gebundene Körbchen

(Abbildung Seite 30)

MATERIAL:

- *Tonkarton in Gelb oder Weiß*
- *Rote und schwarze Klebepunkte, ø 8 und 12 mm*
- *Bleistift*
- *Lineal*
- *Schere*
- *Lochzange*
- *Rotes Band, 5 mm breit, 60 cm lang, oder (Woll-) Faden*

Zuerst wird eine Schablone der Körbchenform samt Löchern angefertigt. Die Löcher werden mit der Lochzange ausgestanzt.
Den Umriß der Schablone überträgst Du mit Bleistift auf Tonkarton.
Nun wird das Teil ausgeschnitten. Stanze auch die Löcher aus.
Mit Lineal und Scherenspitze werden nun die gestrichelten Linien angeritzt. Jetzt kannst Du die Seitenwände des Körbchens nach oben klappen.
Verziere das Körbchen mit Klebepunkten.
Zum Schluß ziehst Du ein schmales Band oder einen Wollfaden rundum durch die Löcher und verknotest die Enden miteinander.

Hampelschornsteinfeger

(Abbildung Seite 31)

MATERIAL:

- *Tonkarton in Schwarz, Rosa und Rot*
- *Schwarze Klebepunkte, ø 8 mm*
- *Rote Klebepunkte, ø 12 mm*
- *Bleistift und weißer Farbstift*
- *Schwarzer Filzstift*
- *Schere*
- *Klebstoff*
- *Lochzange*
- *4 Musterklammern*
- *Faden*

Fertige von allen Teilen Schablonen an, und vergiß nicht, die Löcher mit der Lochzange auszustanzen.
Lege die Schablonen auf den Tonkarton und ziehe die Umrisse nach. Auf dem schwarzen Tonkarton verwendest Du am besten einen weißen Farbstift. Arm und Bein werden zweimal benötigt.
Schneide die Teile aus, und stanze die Löcher aus.
Klebe den rosa Kopf und das rote Hutband auf. Augen und Knöpfe sind Klebepunkte. Nase und Mund zeichnest Du mit Bleistift vor und ziehst dann die Linien mit Filzstift nach.
Nun werden Arme und Beine mit Musterklammern am Rumpf befestigt.
Zuerst werden die beiden herunterhängenden Beine mit einem Faden verbunden. Das gleiche machst Du mit den herunterhängenden Armen. Jetzt knotest Du den senkrechten Mittelfaden an den Arm- und den Beinfaden. Am Hut wird noch ein Aufhängefaden angebracht, und dann kann der Hampelmann in Aktion treten.

Gebundene Körbchen

(Anleitung Seite 29)

Hampelschornsteinfeger

(Anleitung Seite 29)

Transparente Fenstersterne

MATERIAL:

- *Schwarzer Tonkarton*
- *Buntes Transparent- oder Seidenpapier*
- *Bleistift*
- *Schere*
- *Klebstoff*

Fertige von allen Sternen Schablonen an.
Lege die Schablonen auf den schwarzen Tonkarton, und ziehe die Umrisse mit Bleistift nach.

Schneide die Sterne aus. Auch die Innenfläche wird bei den großen Sternen herausgeschnitten.
Klebe die großen Sterne auf das bunte Transparentpapier.
Schneide den Umriß der Sterne nach.
Klebe die beiden kleinen, schwarzen Sterne in die Mitte der beiden größten Sterne.